中國地理繪本

河南・湖北・湖南

鄭度◎主編　黃宇◎編著　伊麗莎・史陶慈◎繪

中華教育

責任編輯　梁潔瑩　劉萄諾

裝幀設計　龐雅美

排版　龐雅美

印務　劉漢舉

中國地理繪本

河南・湖北・湖南

鄭度◎主編　黃宇◎編著　伊麗莎・史陶慈◎繪

出版 / 中華教育

香港北角英皇道 499 號北角工業大廈 1 樓 B 室

電話：(852) 2137 2338　傳真：(852) 2713 8202

電子郵件：info@chunghwabook.com.hk

網址：http://www.chunghwabook.com.hk

發行 / 香港聯合書刊物流有限公司

香港新界荃灣德士古道 220-248 號荃灣工業中心 16 樓

電話：(852) 2150 2100　傳真：(852) 2407 3062

電子郵件：info@suplogistics.com.hk

印刷 / 美雅印刷製本有限公司

香港觀塘榮業街 6 號海濱工業大廈 4 樓 A 室

版次 / 2023 年 1 月第 1 版第 1 次印刷

©2023 中華教育

規格 / 16 開(207mm x 171mm)

ISBN / 978-988-8809-16-5

目錄

※ 中國各地面積數據來源：《中國大百科全書》（第二版）；
中國各地人口數據來源：《中國統計年鑒2020》（截至2019年年末）。

※ ⓦ為世界自然和文化遺產標誌。

華夏古都 —— 河南

省會：鄭州
人口：約 9640 萬
面積：約 17 萬平方公里

河南，簡稱豫，是中華民族文化發祥地之一，曾經是 20 多個朝代的都城所在地，擁有深厚的文化底蘊。

洛陽水席
熱菜像流水一樣不斷更新，且熱菜都有湯。

中原大佛
目前中國最高的佛教造像之一，總高 208 米，身高 108 米。

地形地貌
地勢西高東低，北、西、南三面環山，中東部為黃淮海沖積平原，西南部為南陽盆地。

氣候
河南處於亞熱帶和暖溫帶的過渡帶，受北亞熱帶向暖溫帶過渡的大陸性季風氣候影響，四季分明。

自然資源
河南有非常豐富的礦產資源。

少林寺
中國佛教禪宗的發祥地，已經有 1500 多年的歷史了。

商字雕塑
象徵着「火文化」和「商文化」的商字雕塑是商丘市的地標性建築。

雞公山
因主峯看起來像一隻巨大的石頭雄雞而得名。

泥泥狗
河南特有的一種泥塑玩具。

雲台山紅石峽
峽谷的岩壁呈紅色，是中國北方少有的丹霞地貌。

西峽恐龍遺跡園
園中有以恐龍蛋化石為主要展品的恐龍蛋化石博物館。

棉花
河南地處華北平原，土壤肥沃，是中國主要產棉省份之一。

老君山位於洛陽，是伏牛山脈的主峯之一。相傳道家代表人物老子曾在這裏修煉。建在山頂的金頂道教建築羣在陽光下氣勢恢宏。

河南燴麵
聞名全國的河南特色美食。

開封鬥雞
鬥雞比賽自古就是盛行於民間的娛樂活動，開封鬥雞尤為著名。

小玉同學：

　　我現在就站在河南的嵩山腳下，馬上就要前往傳說中的少林寺了！我要學幾招正宗的少林功夫，回學校表演給你看！

陸飛

豫劇
又稱河南梆子，形成於河南開封。

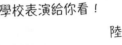

信陽毛尖
中國名茶之一。

神農山
位於沁陽市，相傳是炎帝神農氏嚐百草的地方。

地黃

山藥

牛膝

菊花

四大懷藥
主要產區在沁陽、博愛等地的山藥、地黃、菊花、牛膝並稱「四大懷藥」。

洛陽鏟
可以提取地下土層樣本，幫助考古人員判斷地下土層情況。

天中柱
河南省駐馬店市的標誌性建築。

安陽，中國最早的都城

　　位於河南省安陽市的殷墟是中國商朝晚期都城遺址，也是中國歷史上第一個有文獻可考、被甲骨文和考古發掘所證實的古代都城遺址。為甚麼中國最早的都城會出現在河南？這還要從河南的地貌說起。

商王遷都

　　河南全省有將近一半的區域是山地丘陵，其西、北、南三面都有山脈。山脈不僅可以阻斷洪水，還帶來了肥沃的土地。商朝中後期，商王盤庚決定將都城遷至太行山腳下的殷（即今天的安陽），使這裏成為中國歷史上第一個長期穩定的都城。

商朝都城的真容

　　殷墟總面積約 24 平方公里，大概有 3000 多個標準足球場那麼大。這裏現存的遺跡包括宮殿宗廟區、王陵區、平民居址區、平民墓地區和各種作坊等。

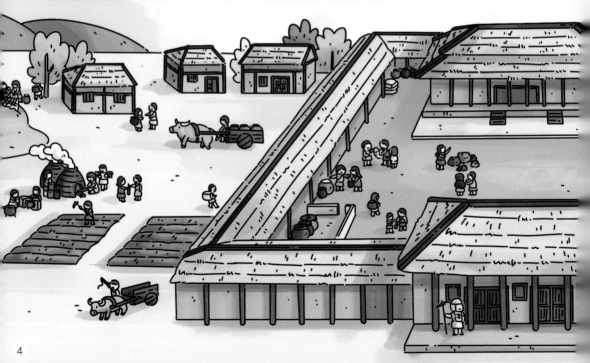

輝煌的青銅時代

古代安陽附近的礦產資源非常豐富，人們挖掘銅礦，大規模冶鑄青銅器。殷墟出土了大量青銅器，「后母戊鼎」是殷墟出土的最大青銅器，重達 832.84 公斤。

后母戊鼎

（也有學者認為應稱之為「司母戊鼎」）

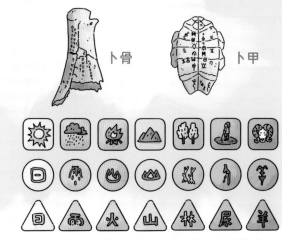

卜骨　　卜甲

古老的甲骨文

商朝人將占卜結果記錄在龜甲和獸骨上，由此創造了中國歷史上最早的、成體系的文字——甲骨文。

甲骨文是象形文字，看起來就像簡筆畫。我們現在使用的漢字就是從甲骨文演化而來的。

在甲骨文被發現之前，關於商朝的一些研究成果在史學界存在爭議，甲骨文為後人的研究提供了寶貴依據。

兩顆璀璨的中華明珠

河南地處中原，歷史悠久，文化綿長，歷史遺跡豐富。除了殷墟，省內還有兩處世界文化遺產。它們體現了祖先的智慧和勤勞，是中華文化的印記和見證。

我是北嶽恆山，我家在山西。

我是西嶽華山，我家在陝西。

我是東嶽泰山，我家在山東。

我是南嶽衡山，我住在湖南。

我是中嶽嵩山，河南是我家。

五嶽

分別位於中原地區的東、南、西、北方和中央。

登封「天地之中」歷史建築羣

位於嵩山腳下，包含了少林寺、中嶽廟、觀星台、嵩嶽寺塔等十餘處古建築羣，已成為中國重要遊覽地。

少林武術中的棍術最有名了！

少林武僧到世界各地表演，讓少林武術名揚天下。

據說，少林武僧練武十分刻苦，把地面都踩出坑了。

塔林

中國最大的墓塔羣，由歷代高僧的墓塔組成。

中嶽廟

原為「太室祠」，後來成為道教的活動場所。中嶽廟是五嶽中現存最完整、規模最大的古建築羣。

觀星台

中國現存最早的天文台，始建於元朝初期。

龍門石窟 ◉

龍門石窟位於洛陽市，開鑿於公元 494 年前後，是中國三大石窟之一，以佛龕造像聞名於世。

石窟內共有 10 萬餘尊造像，其中最小的只有 2 厘米高，最大的則高達 17.14 米。

兩大古都，國粹留香

河南的洛陽與開封都是中國有名的古都，歷史悠久，名勝古跡繁多。

「九朝古都」洛陽

中國歷史上先後有多個王朝建都於洛陽，故其有「九朝古都」的稱號。隋煬帝下令在洛陽開鑿大運河，使洛陽成為南北大運河的起點。隋唐時，洛陽已成為繁榮的商業都會。

洛陽牡丹甲天下

宋朝時，洛陽牡丹名揚天下，被眾多文人墨客爭相歌頌。直至今日，牡丹仍是洛陽的文化符號之一。

白馬寺

位於洛陽，始建於東漢，是佛教傳入中國後興建的第一所寺院。

洛陽地脈花最宜，牡丹尤為天下奇。

選自北宋・歐陽修《洛陽牡丹圖》

桃李花開人不窺，花時須是牡丹時。

選自北宋・邵雍《洛陽春吟》

著名的龍門石窟就在洛陽。

名畫裏的開封

你聽說過《清明上河圖》嗎？這幅名畫生動再現了北宋都城汴京的城市面貌。汴京正是河南省開封市的古稱。

朱仙鎮

明清時期四大名鎮之一，位於開封，內有岳飛廟。

朱仙鎮木版年畫已有上千年的歷史，是民間藝術中一顆璀璨的明珠。

包公祠

位於包公湖西側，是為紀念執法如山的北宋名臣包拯而修建的。

汴繡

國家級非物質文化遺產，因生產於北宋的都城汴京而得名。

開封菊花舉世無雙

開封菊花品種多樣、造型豐富，遠近聞名。

清明上河園是以北宋畫家張擇端的名畫《清明上河圖》為藍本而建，園中還有張擇端的雕像。

這裏的景色比畫中的還美呀！

沃土下的寶藏

河南是中華文明的重要發祥地之一，在漫長的歲月中留下了無數珍貴的文物，每一件文物都見證了一段歷史。

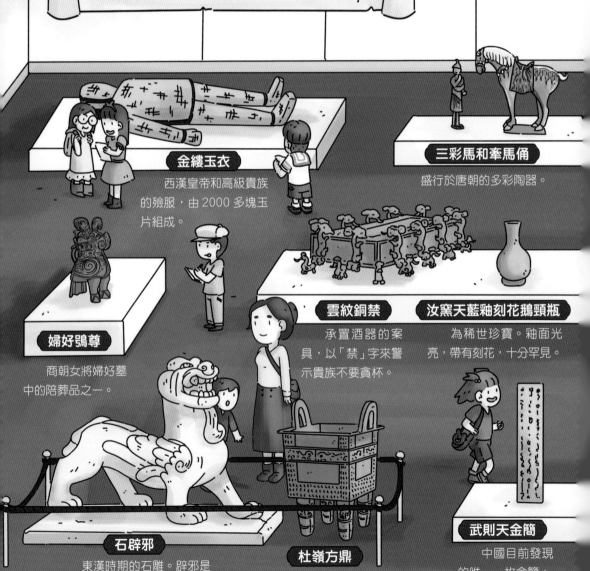

金縷玉衣

西漢皇帝和高級貴族的殮服，由 2000 多塊玉片組成。

三彩馬和牽馬俑

盛行於唐朝的多彩陶器。

婦好鴞尊

商朝女將婦好墓中的陪葬品之一。

雲紋銅禁

承置酒器的案具，以「禁」字來警示貴族不要貪杯。

汝窯天藍釉刻花鵝頸瓶

為稀世珍寶。釉面光亮，帶有刻花，十分罕見。

石辟邪

東漢時期的石雕。辟邪是中國古代傳說中的神獸。

杜嶺方鼎

商朝中期最大的青銅禮器。

武則天金簡

中國目前發現的唯一一枚金簡。

四神雲氣圖壁畫

中國現存年代最早、畫幅最大、等級最高的墓室壁畫。

三彩舍利塔

北宋琉璃器，高達 98.5 厘米。

黑釉雙龍柄尊

主要流行於唐朝。

玉柄鐵劍

中國目前發現年代最早的人工冶鐵製品。

賈湖骨笛

中國迄今為止發現的年代最早、保存最完整的管樂器。

青銅神獸

春秋時期文物，造型極為精緻生動。

婦好墓玉龍

商朝玉器，出土於殷墟婦好墓。

彩繪陶鴨

戰國時期罕見的精品陶器。

蓮鶴方壺

春秋時期用於盛酒或盛水的青銅器皿。

麥穗裏的農耕文化

　　中國南方高溫多雨，耕地多以水田為主，主要農作物是水稻。北方降水較少，氣溫較低，耕地多為旱地，適合小麥生長。

水稻種植

> 秦嶺—淮河線是劃分中國南北方的地理分界線。

> 水稻加工後變成大米，小麥加工後變成白麵。

　　小麥在中國分佈很廣，根據氣候特點分為一年一熟的冬小麥和一年兩熟的春小麥。河南是中國重要的冬小麥產區。

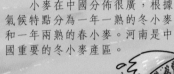

小麥是如何變成麵條的？

1 收割小麥。

2 用專業機器收集麥穗上的麥粒，然後進行清理、篩選、剝掉麥皮等工序。

麥穗

麥粒

胚乳

3 將胚乳磨成麵粉。

4 和麵，製作麵條。

水稻和小麥是中國十分重要的糧食作物。

二十四節氣裏的農耕

　　古人認為農耕與氣候密不可分，他們根據季節變化對農事活動的影響創造出了二十四節氣，並用它指導後人進行農事活動。

二十四節氣歌
春雨驚春清穀天，
夏滿芒夏暑相連，
秋處露秋寒霜降，
冬雪雪冬小大寒。

在河南，寒露種麥正當時。

進入越冬期的冬小麥抗寒能力很強喔。

　　二十四節氣的應用需結合各地的實際情況。比如種植冬小麥時，在北京地區是「秋分種麥正當時」，在河南、山東一帶是「寒露種麥正當時」，在浙江則為「立冬種麥正當時」。

哇，小麥長高了！

千湖之省——湖北

省會：武漢
人口：約 5927 萬
面積：約 19 萬平方公里

湖北，簡稱鄂，地處洞庭湖以北，春秋戰國時期屬於楚國，是荊楚文化的發源地。這裏湖泊密佈，水上交通發達。

中華鱘

國家一級保護動物。湖北設有中華鱘自然保護區。

恩施大峽谷

位於恩施土家族苗族自治州，以喀斯特地貌著稱。

曾侯乙墓編鐘

戰國早期文物，現藏於湖北省博物館。

黃石國家礦山公園

這裏有被譽為「亞洲第一天坑」的礦冶大峽谷。

孝感麻糖

湖北傳統小吃。

武當山是中國道教聖地之一，這裏有規模宏大的道教建築羣。這些建築完美詮釋了中國傳統文化和中國建築藝術，是寶貴的世界文化遺產。

地形地貌

地勢呈三面高起、中間低平、向南敞開、北有缺口的不完整盆地狀。地貌類型多樣。

氣候

主要屬北亞熱帶季風氣候，光照充足，降水充沛。

自然資源

植物種類多樣，礦產資源豐富。

丹江口水利樞紐

南水北調工程的重要水源工程，其水庫被譽為「亞洲第一大人工淡水湖」。

雲夢皮影

一種古老的傳統民間藝術。

李時珍

明代醫藥學家，著有《本草綱目》。

九省通衢

湖北省武漢市位於中國部的中心位置，交通發達。武漢港是中國內地最大的港口。

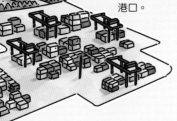

默默：

我聽到了曾侯乙墓編鐘發出的美妙聲音，看到了壯觀的三峽大壩，聞到了武漢大學校園中櫻花的香味，也品嚐了美味的熱乾麵。我太愛湖北了，你一定要來看看啊！

陸飛

武漢熱乾麵

武漢傳統小吃。

九宮山

湖北道教名山，南北朝時依山勢建 9 座宮殿。

大洪山

湖北名山。山上寺廟林立，景色優美。這裏是西漢末年綠林軍起義的基地。

龍感湖

龍感湖位於湖北省和安徽省交界處，生活着多種鳥類和魚類。國家一級保護動物白頭鶴和黑鸛就棲息在這裏。

白頭鶴

黑鸛

湖北的湖，星羅棋佈

湖北有許多大大小小的湖，它們分佈在江漢平原上，織就了一幅幅美麗的景觀畫。自古以來，湖北人的生活都與湖密不可分。

洪湖

洪湖是湖北第一大湖，也是中國重要的淡水魚產區之一。每到夏天，湖面蓮花盛開，風景極美。

蓮藕

湖北是中國主要的蓮藕產地之一。

蓮子

營養價值很高，還能用來做藥。

東湖

位於武漢市武昌區的東部，是由多個湖組成的城中湖羣，湖水面積約32平方公里。

正在消失的湖泊

20世紀50年代，湖北有1000多個百畝以上的湖泊，是名副其實的「千湖之省」。但由於過度圍湖造田，泥沙堆積嚴重，很多湖泊不斷縮小，甚至消失。

牛軛湖的形成

牛軛湖又稱弓形湖，是在平原河流發育過程中自然形成的一種湖泊。

① 河道在流水作用下變得曲折多彎。

② 大水將漫灘沖開，導致河流自然截彎取直。

③ 原來的彎道慢慢被阻塞，形成湖泊。

大江大湖大武漢

武漢，一座因水而生的城市，坐擁三鎮。這裏有絕美的櫻花，雄偉的黃鶴樓，還有一座座跨江大橋。

武漢大學

武漢三鎮

漢江從陝西流到湖北，於武漢匯入長江。兩江組成「丁」字形，使武昌、漢口、漢陽形成隔江鼎立的局面。

武昌負責「有文化」

武昌是座「文化城」，擁有多所名校和科研機構。

漢口負責「買買買」

漢口是武漢的主要商業區。

漢陽負責「造起來」

漢陽是座「工業城」，曾是武漢的工業重鎮。

黃鶴樓

黃鶴樓屹立於武昌蛇山之巔，與湖南岳陽樓、江西滕王閣並稱「江南三大名樓」。

跨江大橋

　　武漢是中國水域面積最大的城市之一。為了讓交通更加便捷，武漢修建了十餘座跨江大橋，成了一座著名的「橋城」。

上層為公路，兩側設有人行道。

下層為雙線鐵路。橋下可通過大型貨輪。

武漢長江大橋

　　中國第一座跨越長江的鐵路、公路兩用橋，人稱「萬里長江第一橋」。

　　武漢長江大橋自 1957 年建成至今，遭遇過多次洪災和輪船碰撞事故，但它始終完好無損地橫亘在長江之上。

武漢長江二橋

古田橋

鸚鵡洲長江大橋

遊古城，識名士

湖北在三國時期被視為兵家必爭之地，所以這裏有大量三國遺跡。如果你想重溫三國傳奇，那一定不能錯過湖北。

古隆中

三國時期，湖北襄樊一帶是軍事要地，發生過關羽水淹七軍等戰役。位於襄樊以西的古隆中曾是諸葛亮的隱居之地，這裏還有武侯祠、三顧堂、草廬等古建築。

東坡赤壁

東坡赤壁又名黃州赤壁，因蘇軾的《念奴嬌·赤壁懷古》等詩詞而聞名。

清江

清江是長江的支流，它與長江在宜都交匯。歷史上著名的火燒連營一戰就發生在宜都附近。

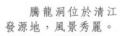

騰龍洞位於清江發源地，風景秀麗。

荊州

荊州是中國的歷史文化名城。在三國時期，它是魏、蜀、吳三方的必爭之地。

荊州關公義園

屈原故里

端午節是中國重要的傳統節日之一。在屈原的故鄉——今天的湖北秭歸縣，端午節更是被人們視作一年中最隆重的節日。賽龍舟是秭歸人過端午節的重頭戲。

屈原

戰國時期楚國詩人、政治家。

屈原祠

為紀念屈原而建，又稱清烈公祠。

據說，為了避免魚蝦啃咬投江的屈原，人們將糯米扔進江中，並由此發明出粽子。秭歸縣的粽子是有名的特色小吃。

華中屋脊，物種寶庫

神農架是中國原始林區之一，這裏有 1000 多個樹種、1300 多種中草藥材和多種珍稀動物。因最高處的神農頂為華中地區最高峯，所以神農架被稱為「華中屋脊」。

金鵰

連香樹

鵝掌楸

金絲猴

白化之謎

神農架一直因野人的傳說而富有神祕色彩。近些年，大量白化動物的出現又為其帶來新的謎題。

白熊

動物樂園

神農架是中國珍稀動物金絲猴的主要分佈區之一。這裏還生活着大鯢、金錢豹、金鵰等國家級保護動物。

延齡草

綠色世界

神農架擁有大面積的原始森林，森林覆蓋率達 68.5%。

白蛇

大鯢

珙桐

白松鼠

水青樹

植物天堂

神農架的植物種類很豐富，有很多古老的樹種，如珙桐、香果樹、水青樹等。

天然藥園

神農架是湖北中藥材的主要產地，生長着很多珍貴的藥用植物，如黨參、當歸、延齡草（又名頭頂一棵珠）、重樓（又名七葉一枝花）等。

白麂

重樓

長江上的偉大工程

　　長江三峽由瞿塘峽、巫峽和西陵峽組成，全長208公里。中國規模最大的水利工程 ——三峽水利樞紐工程就位於西陵峽。

三峽水利樞紐工程

　　包括大壩、水電站等。三峽大壩的最大壩高為181米，正常蓄水位為175米。三峽水電站是現今世界上發電裝機容量最大的水力發電站。

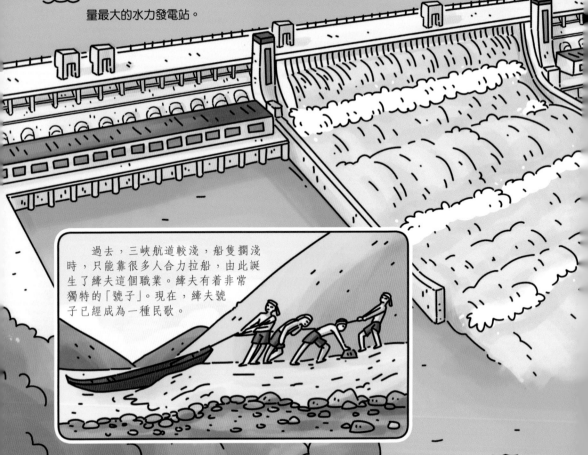

　　過去，三峽航道較淺，船隻擱淺時，只能靠很多人合力拉船，由此誕生了縴夫這個職業。縴夫有着非常獨特的「號子」。現在，縴夫號子已經成為一種民歌。

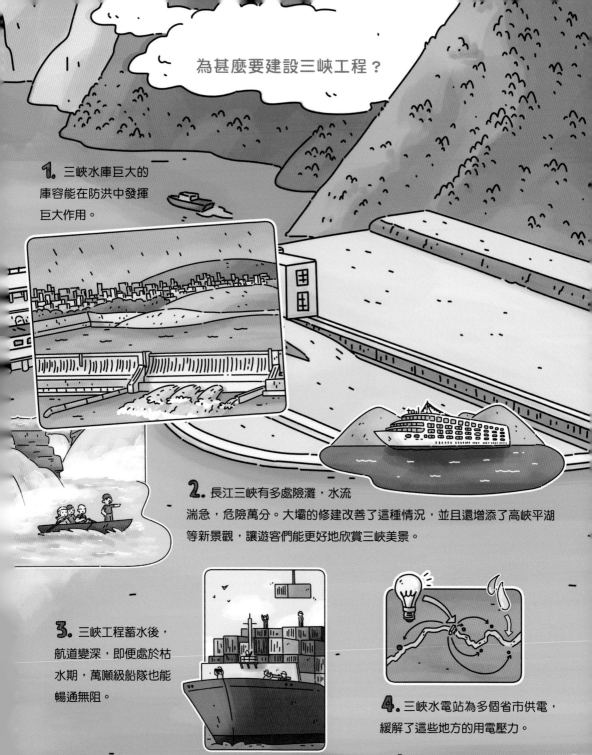

為甚麼要建設三峽工程？

1. 三峽水庫巨大的庫容能在防洪中發揮巨大作用。

2. 長江三峽有多處險灘，水流湍急，危險萬分。大壩的修建改善了這種情況，並且還增添了高峽平湖等新景觀，讓遊客們能更好地欣賞三峽美景。

3. 三峽工程蓄水後，航道變深，即便處於枯水期，萬噸級船隊也能暢通無阻。

4. 三峽水電站為多個省市供電，緩解了這些地方的用電壓力。

芙蓉國——湖南

省會：長沙
人口：約 6918 萬
面積：約 21 萬平方公里

湖南，簡稱湘，地處洞庭湖以南，是一個多民族省份，土家族和苗族人口最多。湖南自古盛植木芙蓉，故有芙蓉國之稱。

地形地貌
東、西、南三面環山，中部多為丘陵，北部為平原。

氣候
氣候溫和，降水充沛，但濕熱分配不均。

自然資源
湖南省礦產資源豐富，被稱作「有色金屬之鄉」。

湖南省博物館
湖南省最大的歷史藝術類博物館，藏有許多馬王堆漢墓出土的珍貴文物。

親愛的爺爺：

今天我終於來到了傳說中的仙境張家界，三千奇峯果然名不虛傳。那籠罩在濃霧裏的山就像飄浮在空中一樣，真是太美了！

陸飛

齊白石
中國近現代畫家、篆刻家。

長江江豚
分佈於長江一帶，是可以在淡水中生活的江豚。

湖南臭豆腐
湖南特色小吃，聞着臭，吃着香。

湖南花鼓戲
湖南各地地方燈戲、小戲花鼓的總稱，代表劇目有《劉海砍樵》等。

湘菜
中國八大菜系之一。長沙坡子街是品嚐湘菜和湖南特色小吃的好去處。

炎帝陵
相傳，炎帝是中華農耕文明的「開創者」。史書記載，炎帝葬於今湖南鹿原坡一帶。為了紀念他，後人便在此處修建了炎帝陵。

寶峯湖

張家界武陵源景區的代表景觀。湖水與瀑布相映成趣。

蔡倫竹海

中國連片面積最大的竹海之一。

崀山 🏵

以典型的丹霞地貌為特色，是寶寶的世界自然遺產。

紅色搖籃

新民主主義革命時期，湖南不僅是中國革命的重要策源地，還是抗日戰爭的重要正面戰場之一。

韶山毛澤東同志紀念館

鳳凰古城因旁邊有一座酷似鳳凰的山而得名，是少數民族的聚居地。古城雖小，卻精緻美麗，被人們稱為「湘西明珠」。

花明樓劉少奇同志紀念館

城南書院

中國古代著名書院，是湖南第一師範學院的前身。

詩詞古文話湖南

　　湖南的名山、名水、名城、名樓數不勝數，自古就是文人墨客嚮往的地方。讓我們通過詩詞和古文領略湖南的美景吧！

岳陽樓

　　岳陽樓位於湖南省岳陽市，臨近洞庭湖。北宋詩人范仲淹為岳陽樓所寫的《岳陽樓記》使其名揚天下。

洞庭湖

　　洞庭湖是中國第二大淡水湖，橫跨湖南、湖北兩省。

湖光秋月兩相和，潭面無風鏡未磨。
遙望洞庭山水翠，白銀盤裏一青螺。
　　　　　　唐·劉禹錫《望洞庭》

　　銜遠山，吞長江，浩浩湯湯，橫無際涯，朝暉夕陰，氣象萬千，此則岳陽樓之大觀也，前人之述備矣。
　　　　選自北宋·范仲淹《岳陽樓記》

　　忽逢桃花林，夾岸數百步，中無雜樹，芳草鮮美，落英繽紛。
　　　　選自東晉·陶淵明《桃花源記》

桃花源

　　位於常德市桃源縣，因陶淵明的《桃花源記》而得名。這裏山清水秀，桃林夾岸，被譽為「世外桃源」。

橘子洲

它是湘江中的一個江心小島。毛澤東曾在這裏寫下膾炙人口的《沁園春·長沙》。

獨立寒秋，湘江北去，橘子洲頭。

選自毛澤東《沁園春·長沙》

嶽麓書院

嶽麓書院是南宋四大書院之一。清朝時，很多著名的學者在這裏學習、授課。

唯楚有材，於斯為盛。

典出《左傳》《論語》

嶽麓書院現在是湖南大學的下屬學院。

愛晚亭

愛晚亭位於嶽麓山清風峽，原名紅葉亭，後來因詩人杜牧的名詩《山行》而改名。

遠上寒山石徑斜，白雲生處有人家。
停車坐愛楓林晚，霜葉紅於二月花。

唐·杜牧《山行》

衡山

衡山是五嶽名山中的南嶽。祝融峯之高、藏經殿之秀、方廣寺之深、水簾洞之奇，合稱「南嶽四絕」。

衡山蒼蒼入紫冥，下看南極老人星。

選自唐·李白《與諸公送陳郎將歸衡陽》

鬼斧神工的「石頭森林」

武陵源風景名勝區由張家界國家森林公園、天子山自然保護區、索溪峪自然保護區組成，已入選《世界自然遺產名錄》。這裏隨處可見石柱石峯、流泉飛瀑、峽谷幽壑，宛若一幅山水畫。

三千奇峯

武陵源有罕見的石英砂岩峯林地貌，這種地貌是由流水侵蝕、重力崩塌、風化等相互作用而形成的。

石英砂岩層理

這裏好像科幻電影《阿凡達》中的場景。

黃龍洞

典型的喀斯特岩溶地貌，擁有兩層旱洞和兩層水洞。現已探明的總面積達 10 萬平方米。

天門洞

世界罕見的高海拔天然穿山溶洞。想要通過天門洞，得先爬上有 999 級階梯的上天梯。

幽洞險壁

武陵源的地質景觀豐富多樣。除了石峯外，這裏還有美輪美奐的溶洞、陡壁千仞的峽谷等。

天門山索道

世界上最長的高山客運索道，全長 7454 米，高差 1277 米。

通天大道

位於天門山半山深谷。公路有連續不斷的 180 度急轉彎，常被人們稱為「天路」。

天門山玻璃棧道

修建在 1400 餘米高的懸崖峭壁上，是一條玻璃棧道。

走進土司城，認識土家人

土司為官職名稱，最早從元朝開始設置，由西南、西北等地區的少數民族首領充任。20世紀中期，土司制度被徹底廢除。2015年，最具代表性的三處土司城遺址成功入選《世界文化遺產名錄》。

湖南永順
老司城遺址

貴州遵義
海龍屯遺址

湖北唐崖
土司城遺址

豐富多彩的土家文化

如今，湖南、湖北仍然是大部分土家人的聚居地。土家族有着自己獨特的民族文化。

湘西吊腳樓

許多土家人居住在這種吊腳樓中。

儺戲

一種由古代驅逐鬼疫儀式衍變而成的戲曲形式。

桑植民歌

起源於湖南省桑植縣的民歌藝術。

擺手舞

土家人會在農曆正月初三至十五的夜間祭祖活動中跳起這種古老的舞蹈。

趕年

湘西土家族一年中最重要的節日。因為比漢族春節早一兩天，所以被稱為「趕年」。

打糍粑

也叫打粑粑，是土家族的節日風俗。

茅古斯舞

茅古斯舞是土家族的一種古老的舞蹈，舞者通常渾身捆綁稻草。

真的有 2.5 噸重的樂器嗎

1978 年，湖北出土了一組總重達 2567 公斤（約 2.5 噸）的樂器——曾侯乙墓編鐘。

> 演奏大鐘是種體力勞動。

> 這個最大的鐘比我還高！

> 小木槌雖然用得頻繁，但好在沒那麼重。

曾侯乙墓編鐘歷經千年，仍然可以演奏出美妙的音樂。曾侯乙墓編鐘全套共 65 件，最大的甬鐘通高 153.4 厘米、重 200 多公斤，最小的甬鐘通高 37.3 厘米、重 2.4 公斤。

編鐘是一種打擊樂器，演奏的時候，不同的鐘會發出不同的聲音。由於這組樂器太大了，所以通常需要幾個樂師配合演奏。

現在湖北省博物館每天都有編鐘演奏表演，使用的編鐘是以曾侯乙墓編鐘為原型的複製品。